Markus Müller

Beurteilung der Kiefernwirtschaft aus ökonomischer Sicht

GRIN Verlag

Bibliografische Information der Deutschen Nationalbibliothek:

Die Deutsche Bibliothek verzeichnet diese Publikation in der Deutschen National-
bibliografie; detaillierte bibliografische Daten sind im Internet über http://dnb.d-
nb.de/ abrufbar.

Impressum:

Copyright © 2007 GRIN Verlag GmbH
Druck und Bindung: Books on Demand GmbH, Norderstedt Germany
ISBN: 978-3-638-95282-8

Dieses Buch bei GRIN:

http://www.grin.com/de/e-book/92810/beurteilung-der-kiefernwirtschaft-aus-
oekonomischer-sicht

Studienfakultät für Forstwissenschaft und Ressourcenmanagement

Lehrstuhl für Waldbau

Waldbaupraktikum 2007

Beurteilung der Kiefernwirtschaft aus ökonomischer Sicht

verfasst von

Markus Müller

Inhaltsverzeichnis

1 Einleitung

Die Waldkiefer (*Pinus sylvestris L.*) zählt zu einer der wichtigsten Wirtschaftsholzarten des eurasischen Raumes. Bereits seit Jahrhunderten nutzt der Mensch diese Baumart intensiv. In erster Linie findet das dauerhafte Holz im Konstruktions- und Innenausbau Verwendung, aber auch die Nadeln wurden mittels Streurechen genutzt. Teeröfen lieferten Ruß zum Färben sowie Harz als Schmiermittel, solange Erdölprodukte unbekannt waren.

Auch hinsichtlich der standörtlichen Ansprüche beweist die Kiefer eine erstaunliche Vielseitigkeit. Angefangen bei Mooren, Flußschottern und Kalkfelsen bis hin zu Sandböden wird jeder Lebensraum besiedelt. Die Besetzung von Nischen ermöglicht es der von Natur aus konkurrenzschwachen Kiefer, sich gegen Buchen und Fichten zu behaupten.

Die vielseitige Verwendbarkeit und die Anspruchslosigkeit machten Kiefern damit zur Baumart der Wahl, wenn es galt, durch den Menschen degradierte Flächen wieder aufzuforsten. Heute sind Kiefern, gemessen an der potenziell natürlichen Vegetation in deutschen Wäldern, zum Teil stark überrepräsentiert. Die Beurteilung der heutigen Kiefernwirtschaft aus ökonomischer Sicht ist die Fragestellung dieser Arbeit.

2 Standörtliche Voraussetzungen

Wie bereits eingangs erwähnt, besetzt die Kiefer Nischenlebensräume. Sie hat als Pionierbaum bereit im Jugendstadium ein hohes Lichtbedürfnis. Die durch Wind bis zu zwei Kilometer weit verbreiteten Samen können in den ca. alle 5 bis 10 Jahre auftretenden Mastjahren Dichten bis zu 1000 Samen pro Quadratmeter erreichen (ROLOFF, 2007). Doch auch Pflanzen an Extremstandorten haben Präferenzen hinsichtlich der Wuchsbedingungen. Je mehr sich die klimatischen und bodenphysiologischen Bedingungen dem Optimum annähern, desto höher ist die erzielte Wuchsleistung.

2.1 Verbreitung

Als Baum des Tief- und Hügellandes liegt der Verbreitungsschwerpunkt natürlicher Kiefernwälder in der boreal- (sub-)kontinentalen Nadelwaldzone Eurasiens. Schwerpunkte sind Skandinavien, Osteuropa und Russland.

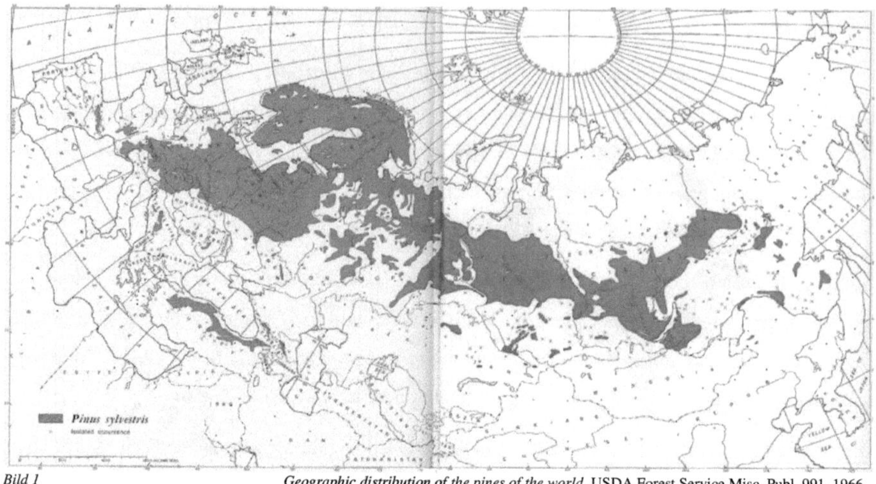

Bild 1   *Geographic distribution of the pines of the world*, USDA Forest Service Misc. Publ. 991, 1966

Wie in Bild 1 zu sehen, erstreckt sich das tatsächliche Verbreitungsgebiet der Waldkiefer heute vom Polarkreis in Nordnorwegen mit einem Breitengrad von 70°N bis zu 40°N ins Pontische Gebirge in der Türkei. Im Osten reicht die Grenze weit ins Innere Asiens und endet ungefähr bei 130° östlicher Länge. Die unregelmäßige Westgrenze verläuft quer durch Westeuropa und endet bei 0° östlicher Länge in der spanischen Sierra Nevada. Das Areal erreicht damit eine Ost-West Ausdehnung von rund 14.000 km (VOLOSYANCHUK, 2002). Obwohl an die Bedingungen des Flach- und Hügellandes angepasst, findet man Kiefern in den bayerischen Gebirgen etwa bis 1700 m. In den Schweizer Alpen sowie in Spanien werden sogar Höhenstufen bis 2100 m erreicht. Pinus sylvestris erreicht damit die größte Ausdehnung des Verbreitungsgebiets von allen Arten der Gattung Pinus.

2.2 Klima

Diese weite Ausdehnung resultiert in einer großen Spannbreite der klimatischen Bedingungen, die nur grob vereinfacht dargestellt werden soll. Generell herrscht im größten Teil des Verbreitungsgebietes ein kontinentales Klima vor. Es ist sommerwarm und winterkalt, mit einem Niederschlagsmaximum in den Wintermonaten. Die Jahresniederschläge reichen von ca. 250 mm im Inneren Zentralasiens bis zu ca. 1500 mm in Staulagen der Gebirge. Die Jahresmitteltemperaturen liegen in Bereichen zwischen 2°C an der nördlichen Grenze der Verbreitung bis 18°C in südlichsten Bereich. Dadurch gefördert, wird die Bildung von Klimarassen, welche den jeweiligen Besonderheiten angepasst sind. Allgemein kennzeichnen diese Baumart eine hohe Toleranz gegenüber hohen Temperaturen, langen Dürreperioden, Frosttrocknis und eine hohe Frosthärte. Als morphologische Merkmale besonderer Witterungsphänomene können zum Beispiel schlanke Kronen in Gegenden mit häufigem (Nass-)Schneefall und kurze, tief beastete Stämme in Regionen mit kurzer Vegetationsperiode ausgebildet werden. Ein in Kiefernbeständen zu beobachtendes Phänomen ist die Verbesserung des standörtlichen Kleinklimas. Die Nadelspitzen wirken als Kondensationspunkte, mit deren Hilfe Luftfeuchtigkeit ausgekämmt wird und den Bäumen als zusätzlicher „Niederschlag" zur Verfügung steht.

2.3 Boden

Ebenso anspruchslos wie bei den klimatischen Gegebenheiten sind Kiefern hinsichtlich der Bodeneigenschaften. Einmal abgesehen von absoluten Extremstandorten auf Felsen oder Moorböden werden – wie von den meisten Baumarten – allerdings bevorzugt Standorte mit gutem Nährstoff- und Wasserangebot besiedelt, auf denen dann auch die höchsten Wuchsleistungen erzielt werden.

Als ideale Böden erweisen sich frische bis mäßig frische sandige Lehme bzw. lehmige Sande. Dank ihres Pfahlwurzelsystems können auch tiefer liegende, wasserführende Bodenschichten erschlossen werden. Oft kommen Kiefern auf derartigen Standorten aber lediglich als Beimischung in Eichen-Fichten Wäldern vor, da sie hier gegenüber anderen Baumarten zu konkurrenzschwach sind. In lockeren, fast reinen Beständen tritt sie an für Schattenbaumarten ungeeigneten Standorten wie Föhnprallhängen, Binnendünen, Mooren und Flußschottern auf.

Typische Kiefernstandorte sind damit in Deutschland Brandenburg, der Großraum Nürnberg, die Oberpfalz und die norddeutschen Heidelandschaften. Insgesamt also Regionen in denen ungünstige Bodenbedingungen vorherrschen. So ist in der Anleitung zur Pflege der Kiefernbestände in der Oberpfalz der Bayerischen Oberforstdirektion Regensburg von 1996 auch festgehalten, dass die Kiefer „(…) als führende Baumart auf sehr trockenen, trockenen, (…) sowie auf nährstoffarmen (…) Sand- und Schluffböden vorgesehen" ist (S. 1, 1996).

3 Gefährdungen für die Kiefer

3.1 Abiotische Schäden

Trotz aller Robustheit, die Kiefern bei klimatischen und standörtlichen Schwierigkeiten beweisen, bleiben sie nicht vor abiotischen und biotischen Gefahren verschont.

Eine der abiotischen Hauptgefahren stellt Schneebruch dar. Vor allem in Naßschneelagen kommt es bei der Verwendung nicht angepasster Rassen häufig zu Schäden. Hier empfiehlt sich die Verwendung von Rassen so genannter Höhenkiefern, wie sie beispielsweise im Raum Selb mit der berühmten Selber Höhenkiefer zu finden ist.

Sehr empfindlich reagieren Kiefern auf hohe Schwefeldioxideinträge in die Luft durch Industrie und Verkehr. Die Nadeln vergilben und ganze Nadeljahrgänge werden verfrüht abgeworfen, was zu starker Kronenverlichtung führt. Allerdings besitzen die Bäume eine hohe Regenerationskraft und erholen sich nach einer Immissionsreduktion innerhalb einiger Jahre wieder.

Die Gefährdung durch Windwurf ist im Gegensatz zur flach wurzelnden Fichte dagegen äußerst gering. Dank ihres tief reichenden Wurzelwerkes werden Kiefern selbst in exponierten Lagen durch Stürme nur wenig getroffen.

3.2 Biotische Schäden

Die wirtschaftlich weitaus bedeutenderen Schäden werden dagegen durch Insektenfraß und Pilzkrankheiten hervorgerufen. Zu den wichtigsten Schaderregern zählen: Nonne (*Lymatria monacha*), Kiefernspanner (*Bupalus piniarius*), Kieferntriebwickler (*Rhyacionia buoliana*), Forleule (*Panolis flammea*) und Kiefernbuschornblattwespe (*Diprion pini*) (SCHMIDT, 2005). Neben diesen relevantesten Schadinsekten führt die Massenvermehrung zahlreicher weiterer nadelfressender Insekten zum Absterben ganzer Bestände, wie zahlreiche Beispiele der vergangenen 100 Jahre in Mitteleuropa belegen.

Ebenfalls hohes Schadpotenzial haben Pilzerkrankungen. Der durch den Kiefernrindenblasenrost (*Cronartium flaccidum*) hervorgerufene Kienzopf ist wohl eine der bekanntesten. Überwiegend Altbäume werden im Kronenbereich befallen und zeigen die typische schwarze Rinde und einen eingefallenen Stamm. In Folge dessen kommt es über Jahre hinweg zu Kronendürre und der Baum stirbt ab. Verheerend für junge Kiefernbestände ist die Kiefernschütte, verursacht durch jährlich wiederkehrende Infektionen mit dem Erreger *Lophodermium seditosum*. Vor allem in luftfeuchten Lagen und nach mehreren niederschlagsreichen Sommern in Folge treten Epidemien auf, bei denen ganze Jahrgänge an Jungkiefern ausfallen.

Insgesamt erweist sich die Kiefer aber als eine relativ unempfindliche Baumart gegenüber Schädlingen, sieht man einmal von sporadisch auftretenden Massenvermehrungen einzelner Schadorganismen ab. Ein Beleg hierfür ist der sehr geringe Anteil an von Insekten verursachten Zwangsnutzungen von Kiefernholz. Dieser betrug nach SCHMIDT für den Zeitraum von 1999 bis 2004 im bayerischen Staatswald lediglich 0,5 %.

4 Verwendungsmöglichkeiten von Kiefernholz

Auf günstigen Standorten werden von Kiefern bei entsprechender Umtriebszeit beachtliche Dimensionen erreicht und wertvolles Holz produziert. Als Kernholzbaum besitzt der innere Stammteil ein dauerhaftes Holz; das sich für zahlreiche Anwendungen eignet.

Für den Einsatz als Bau- und Konstruktionsholz finden längere, geradschaftige Stämme Verwendung. Einsatzbereiche sind Konstruktionsvollholz (KVH), Holzverschalungen, Pfahlbauten, Palisaden und Masten.

Die dem Normalverbraucher sicher geläufigste Verwendung liegt im Innen- und Außenbau sowie in der Möbelindustrie. Die Produktpalette reicht von Fensterrahmen, Türen und Fassadenverkleidungen über Vollholzmöbel und Fußböden. Höchste Stammholzqualitäten werden zur Furnierherstellung verwendet.

In der forstlichen Realität fallen jedoch weitaus größere Mengen Holz von geringer bis mittlerer Güte an. Dieses wird, solange es sich um sägefähiges Holz handelt, in Standardlängen ausgehalten, zu Brettern verarbeitet und beispielsweise als Blindholz im Möbelbau, für Kisten und als Verpackungen eingesetzt. Ein eigenes Sortiment bildet Palettenholz. Hierbei handelt es sich um teilsägefähige, krumme und stark astige Stämme, die zu Transportpaletten verarbeitet werden. Darüber hinaus sind Kiefern die wichtigste Holzart zur Herstellung von Holzwerkstoffen z. B. Spanplatten und OSB-Platten. In diesem Bereich werden mit dem Sortiment „Industrieholz" die qualitativ schlechtesten Stämme abgesetzt.

In die Zellstoff- und Papierherstellung findet Kiefernholz so gut wie keinen Eingang. Aufgrund des hohen Harzgehaltes kann es lediglich in geringsten Beimischungen oder mit dem aus Umweltschutzgründen in Deutschland nicht gebräuchliche Sulfatverfahren verarbeitet werden.

5 Kiefernwirtschaft in Deutschland

Lange Zeit wurde von der Bevölkerung in Europa der Wald als feindlich angesehen, da neue Acker- und Siedlungsflächen ihm mühsam abgerungen werden mussten. Die Nutzung der Holzvorräte erfolgte ohne Rücksicht auf ein Ende der Ressourcenverfügbarkeit. In der Konsequenz waren bereits im 14. Jahrhundert weite Flächen verödet oder stark degradiert. Zunehmende Holzknappheit und offensichtliche Erosionserscheinungen führten zu einem Umdenken bei der Waldbewirtschaftung, was schließlich im Jahr 1713 zur erstmaligen Formulierung des Nachhaltigkeitsgedankens durch CARLOWITZ führte.

5.1 Die historische Kiefernwirtschaft

Schnell erkannte man die bereits erwähnten Stärken der Kiefer bezüglich Standorttoleranz und ihren Pionierbaumcharakter. Die weitläufigen Kahlflächen, die durch Kahlschlagbetrieb, Waldweide und Streunutzung entstanden waren, sollten möglichst schnell und einfach wieder bewaldet werden. In erster Linie ging es bei der Neubegründung der Bestände im Mittelalter um eine Sicherung der Versorgung mit Brennholz und Baumaterial.

Bereits 1368 erfolgte die erste großflächige Saat mit Kiefer im Raum Nürnberg. Der Montanunternehmer und Patrizier Peter Stromer bewies hier ein hohes Maß an Weitsicht und Sachverstand. Da die Samen der Kiefer zwei Jahre zur Reife benötigen und dann über einen längeren Zeitraum direkt in der Baumkrone freigesetzt werden, erforderte es ausgefeilter Ernte- und Lagertechniken.

Die so durch Saat entstandenen Bestände waren durch extrem hohe Stammzahlen gekennzeichnet. Eine waldbauliche Pflege im heutigen Sinne zur Erzeugung von Wertholz fand meist nicht statt und war bei reiner Brennholzproduktion auch nicht notwendig.

Durch die jahrhundertelange Bevorzugung der Kiefer bei der Wiederbestockung verödeter Flächen erreicht sie bis heute überproportionale Anteile bei der Baumartenverteilung. So wird für Bayern ein Anteil von rund 19 % an der Waldfläche (SCHMIDT, 2005) und für Brandenburg sogar rund 78 % (JENSSEN, 2007) angegeben. In der gesamtdeutschen Betrachtung nennt ROLOFF einen Flächenanteil von 23 %. Ein beachtliches Ergebnis für eine Baumart, deren natürlicher Existenzbereich eigentlich auf Kleinflächen und Sonderstandorte beschränkt ist.

5.2 Moderne waldbauliche Konzepte

Dieses verschobene Verhältnis von eigentlicher zu tatsächlich von Kiefern bestockter Fläche ist auch einer der Ansatzpunkte gegenwärtiger Waldbaukonzepte. Zwar sind viele Flächen potenziell für andere Baumarten geeignet, doch sind sie durch die menschliche Übernutzung sozusagen zu Kiefernstandorten der Gegenwart degradiert worden. Die Vorraussetzung für erfolgreiches Wirtschaften ist „durch eine standortspflegliche Wahl der Baumarten, die nachhaltig und zweckmässige Ausnützung der standörtlichen Ertragsfähigkeit und eine auf höchstmögliche Werterzeugung ausgerichtete Waldpflege gekennzeichnet" (LEIBUNDGUT 1984, S.25). In Anlehnung an diese Leitgedanken sieht man heute insgesamt eine Reduktion der Kiefernanbaufläche vor. Auf entsprechend geeigneten Flächen die eine standörtliche Limitierung in Wasser-, Nährstoff- oder Temperaturhaushalt erfahren, soll die Kiefer als Hauptbaumart jedoch durchaus erhalten bleiben. Vielfach wird versucht, in

Kiefernreinbestände Nebenbaumarten, vor allem Laubholz, einzubringen. Gute Erfolge erzielte man zum Beispiel mit dem mittlerweile allerdings eingestellten, so genannten ‚Reichswaldunterbauprogramm' (SEIDL, 2007). Dort wurde im Gebiet der Nürnberger Reichswälder großflächig Buche unter Schirm in Kiefernreinbestände gepflanzt.

6 Waldumbau und Bestandesdiversifizierung

Dieses beispielhaft erwähnte Programm ist ein Versuch, die Monokulturen der Vergangenheit in gemischte Wälder umzubauen. Dafür sprechen einige Gründe, denn Mischbestände in jeder Form haben sowohl ökologisch als auch ökonomisch Vorteile. Prinzipiell geeignet für eine Mischung mit Kiefer sind, bei einer Orientierung an der potenziell natürlichen Vegetation (pnV), die Baumarten Fichte (*Pices abies*), Lärche (*Larix decidua*), Eiche (*Quercus robur, Qu. Petraea*), Buche (*Fagus sylvatica*) und Birke (*Betula pendula, B. pubescens*) (FISCHER, 2003). Hierbei gilt es je nach standörtlichem Potenzial, Wirtschaftsziel und ökologischen Gedanken abzuwägen, welche Baumart am vorteilhaftesten ist.

6.1 Gemischte Bestände aus ökologischer Sicht

Das Bestandesbild eines Kiefernreinbestandes ist ebenso einprägsam wie typisch. Die in der Regel einschichtig aufgebauten Bestände haben trotz der lichtdurchlässigen Baumkronen keine höheren Bäume oder Sträucher im Unterwuchs. Die niedrige Bodenvegetation ist geprägt von Schwarzbeersträuchern (*Vaccinium myrtillus*), Preiselbeere (*Vaccinium vitis-idaea*) und Heidekraut (*Calluna vulgaris*). Daneben kommen, je nach Standort, häufig Weißmoos (*Leucobryum glaucum*), Flechten der Gattung *Cladonia* und verschiedene, krautförmige Pflanzen als allgemeine Säurezeiger vor. Wo immer sich derartige Pflanzen finden, lässt sich auf nährstoffarme Böden mit niedrigem pH-Wert und einer teils angespannten Wasserversorgung schließen. Der Nachteil solcher Böden bei einer ausschließlichen Bestockung mit Nadelholzarten besteht darin, dass die anfallende Streu diese Effekte verstärkt. Durch die schwere Zersetzbarkeit und den niedrigen pH-Wert der Nadeln bilden sich dicke Schichten organischer Auflage, die den schlechten Bodenstatus erhalten. Bringt man dagegen Laubholz in diese Reinbestände ein, so zeigt sich meist innerhalb kürzester Zeit eine deutliche Verbesserung der Bodenqualität.

Der Boden-pH und die Nährstoffverfügbarkeit steigen dank des Laubfalls an und in Folge dessen verändern sich Flora und Fauna. Es kommt durch diese neuen Arten also zu einer Erhöhung der Biodiversität.

Gemischte und im Idealfall auch in ihrer Struktur gestufte Bestände gewinnen außer einem wertvolleren Lebensraum auch verloren gegangene Widerstandskraft gegen Kalamitäten. Sturm und Schneebruch finden weniger Angriffsfläche und Schadinsekten kaum Möglichkeiten zur Massenvermehrung.

6.2 Gemischte Bestände aus ökonomischer Sicht

Die Ökonomie gemischter Bestände lässt sich grob in zwei Teilbereiche aufspalten.

Im zunächst angesprochenen Bereich befinden sich all diejenigen Leistungen, die zwar einen „Gewinn" darstellen, der sich aber nicht oder nur schwer in Geld ausdrücken lässt. Zum einen ist die erwähnte Steigerung der Biodiversität sicher ein Mehrwert. Mischungselemente werden von der Bevölkerung aber auch aus Ästhetikgründen gefordert. Ein optisch ansprechender Wald „so wie er sich gehört", ist bei Erholungssuchenden jeden Alters begehrt. Diese Leistungen werden aber – analog zu der erhöhten Kohlenstoffbindung in produktiveren Wäldern – bislang nicht monetär abgegolten und derartige Forderungen sind gesellschaftspolitisch kaum durchsetzbar.

Ein für Waldbesitzer wesentlich interessanterer Aspekt liegt daher in direkt messbaren finanziellen Verbesserungen. Neben anderen illustrierten KNOKE und PETER (2001) die Problematik hoher Schwankungen der Holzpreise. Waldbesitzer, deren Bestände im Wesentlichen aus einer Baumart bestehen, sind diesen Fluktuationen voll ausgesetzt. Besonders negativ treten diese Effekte beim Eintritt unerwarteter, großer Schadereignisse auf. Ebenso besteht kaum eine Möglichkeit zu reagieren, falls der erzielbare Preis für die entsprechende Baumart über eine längere Periode unerwartet niedrig liegt. Durch Diversifikation bei der Baumartenzusammensetzung der Bestände lässt sich das betriebswirtschaftliche Risiko durch Preisschwankungen verringern. Die Höhe der jeweiligen Anteile einzelner Arten hängt dabei nach KNOKE (2005) hauptsächlich von der individuellen Risikobereitschaft des Waldbesitzers ab. Bereits eine Mischung von je einer Nadel- und einer Laubholzart in gleichen Anteilen senkt die Verlustwahrscheinlichkeit deutlich gegenüber Reinbeständen. Der Vorteil liegt hierbei darin, dass die Holzpreisentwicklung von Laub- und Nadelholz in der Regel asynchron verläuft.

Die Ausrichtung auf mehrere Baumarten kann auch unvorhersehbare Entwicklungen in ihren Auswirkungen mildern. So berichten KNOKE, STIMM, AMMER und MOOG (2005) von einem Anstieg der Nachfrage und damit einer Preissteigerung für Buchenholz im Zuge des Tropenholzboykotts ab 1986. Die Preisentwicklung für Nadelholz war im gleichen Zeitraum gegenläufig. Damit zeigt sich, dass bei den langen Produktionszeiträumen für Stammholz immer gewisse Unwägbarkeiten für die aktuelle Marktlage am Ende der Umtriebszeit herrschen. Ein wesentlicher Nachteil gemischter Bestände ist der Umstand, dass die Risikostreuung mit einem Absinken des erzielbaren, absoluten Gewinns verbunden ist. Dies trifft zu, wenn man beispielsweise eine Investition in einen Fichtenreinbestand betrachtet. Bei der kürzeren Umtriebszeit der Fichte und der Annahme eines Ausbleibens größerer Ausfälle durch Schäden bis zum Ende der Umtriebszeit ließe sich hier ein höherer Gewinn erwirtschaften.

7 Möglichkeiten zur Wertsteigerung von Kiefernbeständen

Die Tatsache, dass Kiefern häufig auf Standorten stocken, die ebenso für andere Baumarten geeignet wären, wurde bereits erläutert. Als Resultat ergibt sich eine nicht optimale Ausnutzung des maximal erzielbaren Zuwachses auf diesen Flächen. Als Element der Risikostreuung in Reinbeständen wurde die Einbringung von Laubholzarten vorgestellt. Die Frage lautet nun, wie sich zudem die Rentabilität zu erhaltender Kiefernbestände erhöhen lässt.

7.1 Maßnahmen bei Bestandesbegründung und Bestandespflege

Die früher notwendige schnelle Vorgehensweise bei der Aufforstung degradierter Standorte mittels Kiefer erzeugte extrem dichte Anfangsbestände. So erwähnt SEITSCHEK (1991) für die Aufforstung der Spannerkahlfraßflächen im Nürnberger Reichswald Pflanzzahlen von 10.000 bis 20.000 Kiefern je Hektar. Das Ergebnis bei unterbliebenen Pflegemaßnahmen kann noch heute als „Steckerleswald" begutachtet werden. Eine deutliche Reduktion der Pflanzzahlen bedeutet konkret zwei Dinge:

Erstens entstehen geringere Kulturkosten. Diese müssten, für eine realistische Betrachtung, über die Umtriebszeit von 120 Jahren aufgezinst werden. Legt man hierfür einen Kalkulationszins von 3 % zugrunde, so bedeutet dies, dass für eine Ausgabe von 1.000 € zum Zeitpunkt der Pflanzung nach 120 Jahren bereits 34.711 € erwirtschaftet werden müssen. Bei sehr hohen Ausgaben in diesem Bereich wird daher im Grunde jeder Bestand unrentabel, unabhängig davon, welche Qualität er später erreicht.

Ähnliches gilt für den zweiten Punkt, den nachfolgenden Pflegeaufwand zu dichter Bestände. Die Zahl der Eingriffe und der Arbeitsaufwand steigen, ebenso die damit verbundenen Kosten.

Als Alternative bietet sich die Kiefern-Naturverjüngung und eine Pflege unter Schirm an, wie sie in einem Versuch auf Flächen des ehemaligen Forstamtes Pressath von LENZ,

SCHLAMMINGER und SCHEIPL (2000) beschrieben wird. Kerngedanke dieses Versuchs ist die möglichst frühzeitige Durchführung von Pflegemaßnahmen in bereits vorhandener Naturverjüngung bei gleichzeitig truppweiser Beimischung von Laubholz. Als Resultat entstand kostengünstig eine stabile Vorausverjüngung, über der die Altbestände ausreifen können. Durch begleitende Astungsmaßnahmen ab einem BHD von 5 cm wurde hier ohne Zeitdruck und dem Zwang, bei Versäumnissen drastisch reagieren zu müssen, von Beginn an auf Wertholzerzeugung gesetzt.

Generell bietet sich die Möglichkeit der Naturverjüngung für die lichtbedürftigen Kiefern auf entsprechenden Flächen stets an. Ein denkbarer Ansatz wäre die weitgehende Räumung von Altbeständen, wobei eine ausreichende Anzahl geeigneter Altbäume als Überhälter bestehen bleibt (siehe auch Punkt 7.3). Ausgehend von diesen Überhältern kann sich auf den Freiflächen eine reichliche Verjüngung ansamen, die ohne anfängliche Kulturkosten den Grundstein für den Nachfolgebestand legt.

7.2 Die Astung als wertsteigernde Maßnahme

Im oben erwähnten Versuch spielt die Astung als Möglichkeit, wertvolles Holz zu erzeugen, eine zentrale Rolle. Nach einem Beitrag von MOSANDL und KNOKE (2003) stellt so gewonnenes Qualitätsholz für Betriebe ein sinnvolles Ergänzungsprodukt dar, mit dem Holzpreisschwankungen abgepuffert werden können.

Die Eigenschaft von Nadelbäumen, dass tote Äste noch sehr lange am Stamm verbleiben und einwachsen, führt zu dem allseits bekannten Bild des typischen Nadelschnittholzes. Äste stellen von daher zunächst einmal für normales Schnittholz keinen qualitätsmindernden Holzfehler dar, solange sie sich in einem gewissen Rahmen hinsichtlich ihrer Stärke und Häufigkeit bewegen. Für einen Einsatz als Furnierholz in der Möbelindustrie wird von den Herstellern jedoch lediglich vollkommen astfreies Holz höchster Güte akzeptiert. Eine Nachfrage nach diesen Qualitäten besteht, denn einmal abgesehen von Modeerscheinungen, ist Kiefer ein seit jeher beliebtes Holz zur Furnierherstellung.

Um die Astung auch wirklich zu einer Maßnahme zu machen, die zu einer echten Wertsteigerung in Kiefernbeständen beiträgt, müssen allerdings etliche Rahmenbedingungen gegeben sein. Im oben erwähnten Beitrag wurden diese Bedingungen zwar für geastetes Fichtenholz dargestellt, sie können aber genauso auf Kiefernbestände übertragen werden und sollen deshalb kurz skizziert werden.

Als Grundvoraussetzung für die Astungswürdigkeit müssen die Bäume auf dem jeweiligen Standort eine entsprechende Wuchsleistung erbringen. Als Mindestwert nennen BURSCHEL,

BOEDICKER und AMMER (1994) einen astfreien Mantel von 10 cm Stärke, der auf mindestens 5 m Länge erreicht werden soll. Dabei gilt: Je dicker der Mantel, desto wertvoller der Baum. Daraus darf man aber nicht ableiten, dass es unerheblich wäre, in welchem Zeitraum dieses Ziel erreicht wird. Hier kommt wieder das Aufzinsen der Astungskosten zum Tragen. Je länger der Zeitraum zwischen Astung und Ernte, desto unrentabler gestaltet sich die Maßnahme. Darüber hinaus sollten maximal 150 Bäume je Hektar geastet werden, in der Regel die vitalsten Bestandesmitglieder, um zu große Ausfälle und damit Fehlinvestitionen zu vermeiden. Jede Astung ist außerdem sorgfältig zu dokumentieren, damit es später nicht zu Verlustgeschäften aus purer Unwissenheit der Nachfolger über den Bestandeswert kommt. Als letzte Bedingung muss gelten, dass der angenommene Mehrerlös für Qualitätsholz auch am Ende der Umtriebszeit zu erzielen ist.

7.3 Der Überhaltbetrieb

Neben der vorgestellten Astung zur Erzeugung von Qualitätsholz ist der Überhaltbetrieb als Pluspunkt der Kiefernwirtschaft zu nennen. So haben BURSCHEL und HUSS (1987) bereits anhand einer Beispielrechnung den höheren Wertleitungsvergleich eines Überhaltbetriebes belegt. Kaum eine Baumart eignet sich hierfür besser als die Kiefer, da sie unempfindlich gegen Sonnenbrand ist und keine Wasserreiser ausbildet. Die Entscheidung, einen Baum in den Überhalt zu nehmen, kann mehrere Gründe beinhalten.

In der heutigen Waldbewirtschaftung werden Kiefern nach Erreichen einer Umtriebszeit von ca. 120 Jahren geerntet. Diese Zeitspanne markiert jedoch gerade einmal ungefähr ein Viertel der maximalen Lebensspanne dieser Baumart. Als Überhälter werden Bäume bezeichnet, die noch einmal mindestens eine komplette Umtriebszeit im nachfolgenden Bestand verbleiben. Hieraus ergeben sich bereits die ersten Vorraussetzungen, ob ein Baum als Überhälter geeignet ist oder nicht. Er muss vital genug sein, d. h. eine gute Stammform haben und besonders gut bekront sein, um die nächsten 120 Jahre zu überstehen. Der neu aufwachsende Folgebestand profitiert von Überhältern in mehrfacher Weise. Zum einen kann sich von ihnen ausgehend eine natürliche Verjüngung ansamen. Der aufwachsende Jungwuchs wird durch die Kronen locker beschirmt und ist gegen allzu heftige Witterungseinflüsse geschützt. Zusätzlich ergibt sich durch die Überschirmung auch eine gewisse Stufung der Bestände, da Bäume in direkter Nachbarschaft etwas weniger belichtet werden. Die Problematik der Tellerwirkung besteht im Kiefernüberhalt so gut wie nicht (KÖSTLER, 1953) und eine Bedrängung der Krone aufwachsender Bäume findet ebenfalls nicht statt, da die Überhälterkrone den Bestand lange Zeit weit überragt. Entstehenden Lücken nach der

Entnahme eines Überhälters können für Vorbaugruppen ausgenutzt werden. Ein weiterer Nutzen ist der Wert dieser alten Bäume als Habitat verschiedenster Insekten und Vögel. Die so gewonnene Vielfalt ist als Naturschutzelement und überdies als Hilfe bei der Verhinderung von Schädlingskalamitäten durchaus erwähnenswert.

Für einen erfolgreichen Überhaltbetrieb ist es wesentlich, dass die Bäume günstig an Rückegassen und Abfuhrwegen liegen und bei Bedarf problemlos entnommen werden können. Da Überhälter meist sehr wertvolles Holz in großen Dimensionen produzieren, sind sie immer schon eine finanzielle Rücklage der Betriebe gewesen. Soll nun bei Bedarf dieses „Sparbuch im Wald" genutzt werden und der Überhälter befindet sich inmitten einer gut gewachsenen Verjüngung, so wird diese durch Fällung und Rückung großflächig geschädigt.

8 Gesamtökonomische Beurteilung der Baumart Kiefer

Von der Nischenbaumart zum Massenprodukt, so lässt sich die bisherige Karriere der Kiefer grob umreissen. Gefördert durch historische Gegebenheiten stellt sie heute ein wichtiges Standbein der Forstwirtschaft dar. Die Kiefernwirtschaft ist aber auch mit einigen Nachteilen behaftet.

8.1 Nachteilige Aspekte

Durch die Überrepräsentanz von Kiefern auf großer Fläche, dank menschlicher Aktivitäten, kommt es vor, dass sich nach und nach konkurrenzkräftigere Baumarten ihren angestammten Lebensraum zurückerobern. Fichten etwa samen sich unter Kiefernschirm problemlos an und wachsen rasch in den vorhandenen Kiefernbestand ein. Sieht man nun für gemischte Bestände aus Kiefer und Fichte einen bedeutenden Kiefernanteil vor, so muss dieser durch massives Eingreifen gefördert werden. Unter Umständen ist dazu auch die Entnahme von eigentlich noch nicht hiebsreifen Fichten zugunsten eines höheren Lichtgenusses für die Kiefer nötig. Dadurch ergeben sich zwei gravierende Schwachpunkte:

Zum einen muss Fichtenholz unter dem erzielbaren Erlös vorzeitig verkauft werden. Dazu kommen Ausgaben für die Pflegeeingriffe und Durchforstungen. Statt sich so teuer einen neuerlichen Kiefernbestand zu erkaufen, ist es billiger, sich der ankommenden Fichte zuzuwenden.

Zum anderen ist bei einem Fichtenbestand im Vergleich zur Kiefer, dank der kürzeren Umtriebszeit, schneller mit Erlösen zu rechnen, die darüber hinaus auch noch höher ausfallen. So werden aktuell bei Fichten- Standardlängen in B oder B/C Qualität ca. 20 € je Festmeter mehr erlöst als für Kiefernholz (HAIDER, 2007).

Dennoch gibt es gute Argumente für die Kiefer.

8.2 Positive Aspekte

Betriebswirtschaftlich verantwortungsbewusstes Handeln zeichnet sich unter anderem durch eine Streuung der Risiken aus. Am Beispiel der Bayerischen Staatsforsten wird dies deutlich. Nach eigenen Angaben setzt sich deren Holzeinschlag aus 70% Fichte, 13% Kiefer, 8% Buche und 9% anderen Baumarten zusammen (Bayerische Staatsforsten, 2007). Bei einer solch starken Ausrichtung auf eine Baumart kann es bei Einbruch des Fichtenpreises schnell zu schweren Verlusten kommen. Die Kiefer stellt hier bereits ein zusätzliches Standbein im Sortiment dar. Zunächst hat man mit ihr eine weitere Baumart in den Beständen, die auf Umwelteinflüsse weniger sensibel reagiert, als etwa die Fichte. Sie ist resistenter gegen Windwurf und wird nicht von Fichtenschädlingen befallen. Die so bewirkte Bestandesstabilisierung ist ein nicht zu unterschätzender Vorteil, gerade in durch Fichten geprägten Betrieben. Der hohe Anteil an Zufallsnutzungen von teilweise bis zu 80 % (MOSANDL und KNOKE, 2002) stellt die Betriebsleitungen hier vor einige Herausforderungen. Eine Kombination mit fast allen wichtigen Wirtschaftsbaumarten ist denkbar und wird zum Teil auch praktisch durchgeführt.

Kiefer eignet sich gleichermaßen für die Erzeugung von Massenware wie für qualitativ hochwertiges Holz. Die Produktpalette wird damit um ein Hauptprodukt im Massenbereich und ein ergänzendes Produkt im Qualitätssegment erweitert.

Ein in Zukunft nicht zu unterschätzender Faktor für die Waldbewirtschaftung wird die globale Klimaänderung sein. Mit sich ändernden Wuchsbedingungen hin zu mehr Klimaextremen und längeren Trockenperioden werden einige der heute als standortsgemäß geltenden Fichtenstandorte in den nächsten Jahrzehnten ausscheiden (BORCHERT und KÖLLING, 2004). Ein Waldumbau, auch unter Beteiligung der Kiefer, ist darum vor allem in zukünftig trockeneren und wärmeren Regionen angebracht.

9 Zusammenfassung

Die Kiefer ist als Baumart äußerst tolerant hinsichtlich ihres Standortes. Als Pionierbaum besiedelt sie Extremstandorte, die durch schlechte Böden, geringe Wasserversorgung und Klimaextreme gekennzeichnet sind. Auf Freiflächen und in lichten Beständen besitzt sie eine hohe Konkurrenzstärke gegenüber anderen Hauptbaumarten der deutschen Forstwirtschaft, wie Buche und Fichte. Durch historische Entwicklungen wird sie heute jedoch sehr weit über ihr natürliches Verbreitungsgebiet hinaus angebaut. Dadurch bedingt ist eine gewisse

Anfälligkeit gegenüber abiotischen und biotischen Schäden, vor allem in Reinbeständen auf Standorten, die eigentlich nicht für den Kiefernanbau geeignet sind. Gleichwohl erweisen sich Kiefern als ein wichtiges, bestandesstabilisierendes Element in Mischbeständen. Bei entsprechender waldbaulicher Förderung lässt sich wertvolles und gefragtes Holz produzieren, das vielfältige Anwendungsmöglichkeiten hat. Die weite Spanne reicht von gesuchten Furnierqualitäten, die auf Versteigerungen mit bis zu 400 € je Festmeter bezahlt werden, bis zum Schwachholz das für 30 € je Festmeter Abnehmer in der Spanplattenindustrie findet (HAIDER, 2007).

Nachdem bereits im Mittelalter erstmals große Flächen mittels Saat aufgeforstet wurden, fanden Kiefern zunehmend als eine Hauptbaumart Eingang in die forstliche Nutzung. Die heutigen Bestrebungen gehen allerdings weg von instabilen Reinbeständen hin zu einem gemischten Bestandesaufbau. Hierbei werden vor allem aus ökologischen Aspekten Laubhölzer in die Nadelholzbestände eingebracht. Daneben ergibt sich durch Mischbestände eine verbreiterte Produktpalette, die wirtschaftliche Vorteile für die Forstwirtschaft hat. Einbußen durch die Schwankungen der Holzpreise einzelner Baumarten können so reduziert oder ausgeglichen werden. Neben einer horizontalen Diversifizierung über mehrere Baumarten hinweg erscheint aber auch eine vertikale Diversifizierung über das Produkt „Kiefer" angebracht. Neben dem Ausschöpfen von Einsparungspotenzialen bei der Bestandesbegründung, Pflege und Verjüngung ist die konsequente Ausrichtung der Produktion hin zu mehr Wertholz zentral. Nicht zuletzt auch im Hinblick auf den globalen Klimawandel und einer steigenden Nachfrage für den Rohstoff Holz erscheint diese Baumart weiterhin als ein interessanter Bestandteil des forstbetrieblichen Portfolios.

10 Literaturverzeichnis

AMMER, U., UTSCHICK, H., SIMON, U., ENGEL, K., GOSSNER, M., GULDER, H.-J., KÖLBEL, M., und LEITL, R.: *Vergleichende waldökologische Forschung in Mittelschwaben. Ein Vergleich zwischen bewirtschafteten und unbewirtschafteten Wäldern.* In: LWF aktuell, Nr. 41/2003, S. 9-10

Bayerische Oberforstdirektion Regensburg: *Die Pflege der Kiefernbestände in der Oberpfalz.* Regensburg, 1996

Bayerische Staatsforsten, AöR: *http://www.baysf.de/public/de/wirtschaft_und_produkte/holzverkauf/index.php*, 2007

BORCHERT, H. und KÖLLNG, Ch.: *Waldbauliche Anpassung der Wälder an den Klimawandel jetzt beginnen.* In: LWF aktuell, Nr. 43/2004, S. 28-30

BURSCHEL, P., BOEDICKER, C., und AMMER, Ch.: *Kiefernbewirtschaftung , Moderne Kiefernwirtschaft, dargestellt am Beispiel eines Bestandes in der bayerischen Oberpfalz, Teil I: Methodik, Standort und waldbaulich - ertragskundliche Ergebnisse,* In: Der Wald Berlin 44/ 3, 1994, S. 82-83

BURSCHEL, P., BOEDICKER, C., und AMMER, Ch.: *Kiefernbewirtschaftung , Moderne Kiefernwirtschaft, dargestellt am Beispiel eines Bestandes in der bayerischen Oberpfalz, Teil II: Betriebswirtschaftliche Betrachtungen und Diskussion,* In: Der Wald Berlin 44/ 4, 1994, S. 116-119

BURSCHEL, P. und HUSS, J.: *Grundriß des Waldbaus. Ein Leitfaden für Studium und Praxis.* Hamburg und Berlin. Verlag Paul Parey, 1987

Entwicklungsgemeinschaft Holzbau (EHG) in der DGfH e. V.: *Informationsdienst Holz Einheimische Nutzhölzer und ihre Verwendung.* Holzbau Handbuch Reihe 4 Teil 2 Folge 2, München, 1998

ERLBECK, R., HASEDER, I.E., und STINGLWAGNER, G.: *Das Kosmos Wald- und Forstlexikon.* Stuttgart: Franckh - Kosmos Verlags - GmbH & Co, 1998

FISCHER, A.: *Forstliche Vegetationskunde Eine Einführung in die Geobotanik.* Stuttgart. Verlag Eugen Ulmer, 3. Auflage, 2003

HAIDER: *Mündliche Mitteilung.* BaySF, Forstbetrieb Nürnberg, 2007

HAMBERGER, J.: *Nachhaltigkeit – eine Idee aus dem Mittelalter?* In: LWF aktuell, Nr. 37/2003, S. 38-41

HOOGE, H.: *Die Waldkiefer Pinus sylvestris L..* Artikel auf: http://www.sdw.de/pdf/kiefer_teil1.pdf und http://www.sdw.de/pdf/kiefer_teil2.pdf, 2007

JENSSEN, M.: *Wald- und Forstökosysteme.* Vorlesungsunterlagen zum Fach Landschaftsökologie II: Ökosystemlehre, Waldkunde-Institut Eberswalde, 2007

JENSSEN, M.: *Ökologische Forschungen zum Waldumbau in Kiefernforsten.* Beitrag zum 3. Kolloquium der Landesforstverwaltung Mecklenburg-Vorpommern, 2006

KNOKE, Th.: *Zu betriebswirtschaftlichen Chancen in der Forstwirtschaft.* In: Der bayerische Waldbesitzer, Nr. 5-05, S. 12-15, 2005

KNOKE Th. und PETER, R.: *Zum optimalen Zieldurchmesser bei fluktuierendem Holzpreis – eine Studie am Beispiel von Kiefern - Überhältern (Pinus sylvestris L.)* In: Allgemeine Forst- und Jagdzeitung, 173. Jahrgang, Heft 2-3, S. 21-28, 2005

KNOKE, Th., STIMM, B., AMMER, Ch. und MOOG, M.: *Mixed forests reconsidered: A Forest Economics Contribution on an Ecological Concept.* In: Forest Ecology and Management, Nr. 213, 2005, S. 102-116

KÖSTLER, J. N.: *Waldpflege.* Hamburg und Berlin: Paul Parey Verlag, 1953

LEIBUNDGUT, H.: *Die natürliche Waldverjüngung.* Bern, Stuttgart: Verlag Paul Haupt, 1984

LENZ, R., SCHLAMMINGER, H., und SCHEIPL, W.: *Pflege von Kiefern-Naturverjüngung unter Schirm.* In: AFZ/ Der Wald, 10/ 2000, S. 510-511

MOSANDL, R. und KNOKE Th.: *Produktion von Fichtenqualitätsholz durch Astung.* In: AFZ - der Wald, 3/2003,
S. 120-123

MOSANDL, R. und KNOKE Th.: *Holzpreisschwankungen als Problem der Forstwirtschaft.* In: AFZ - der Wald, 3/2002,
S. 118-119

RITTERSHOFER, F.: *Waldpflege und Waldbau Für Studierende und Praktiker.* Freising: Rittershofer Verlag, 1994

ROLOFF, A.: *Die Waldkiefer – Baum des Jahres 2007.* Textsammlung auf www.baum-des-jahres.de, 2007

SCHMIDT, O.: *Zur Gefährdung der Hauptbaumarten aus Sicht des biotischen Waldschutzes.* In: LWF aktuell, Nr. 49/2005, S. 1-2

SCHÜTT, P., SCHUCK, H.J. und STIMM, B.: *Lexikon der Baum- und Straucharten.* Hamburg: Nikol Verlagsgesellschaft mbH, 2002

SEIDL, G.: *Mündliche Mitteilung.* Bayerische Staatsforsten, Forstbetrieb Nürnberg, 2007

SEITSCHEK, O.: *Waldbauliche Möglichkeiten auf Kahlflächen unter besonderer Berücksichtigung der Vorwaldbaumarten.* In: Forst und Holz, 46. Jahrgang, 1991, Nr. 13, S. 351-355

VOLOSYANCHUK, R.T.: *Pinus sylvestris.* In: Pines of silvicultural Importance Compiled from the Forestry Compendium CAB International. Oxon (UK): CABI Publishing, 2002, S. 452-462

WAGNER, S.: *Rationaler Waldumbau – Fragen und Anregungen.* In: Forst und Holz, 62. Jahrgang, 2007, Nr. 8, S. 12-17